# 风电安全风险分析
# 及预控措施

龙源电力集团股份有限公司　编



中国电力出版社
CHINA ELECTRIC POWER PRESS

## 内 容 提 要

本书紧密结合风电生产，共梳理出通用的，直接相关的作业、场所和环境等三个方面 345 个主要安全风险点，其中作业相关的 270 个、场所相关的 43 个、环境相关的 32 个。本书可用于风电企业的安全教育和培训，各风电企业以此为基础，结合自身实际情况，对书中的安全风险点进行细化、分解，使每位员工深刻认识到安全风险的潜在危害，掌握安全风险分析的方法，切实有效地达到提升员工安全素质，防范人身和设备事故的目标。

**图书在版编目（CIP）数据**

风电安全风险分析及预控措施/龙源电力集团股份有限公司编. —北京：中国电力出版社，2017.6（2019.5 重印）
ISBN 978-7-5198-0840-2

Ⅰ. ①风…　Ⅱ. ①龙…　Ⅲ. ①风力发电－发电厂－电力安全－风险管理　Ⅳ. ①TM614

中国版本图书馆 CIP 数据核字（2017）第 128933 号

出版发行：中国电力出版社
地　　址：北京市东城区北京站西街 19 号
邮政编码：100005
网　　址：http：//www.cepp.sgcc.com.cn
责任编辑：孙　芳（010-63412381）
责任校对：王小鹏
装帧设计：王英磊　左　铭
责任印制：蔺义舟

印　　刷：北京博图彩色印刷有限公司
版　　次：2017 年 6 月第一版
印　　次：2019 年 5 月北京第二次印刷
开　　本：880 毫米×1230 毫米　32 开本
印　　张：4.625
字　　数：80 千字
印　　数：6001—7500 册
定　　价：68.00 元

# 编　委　会

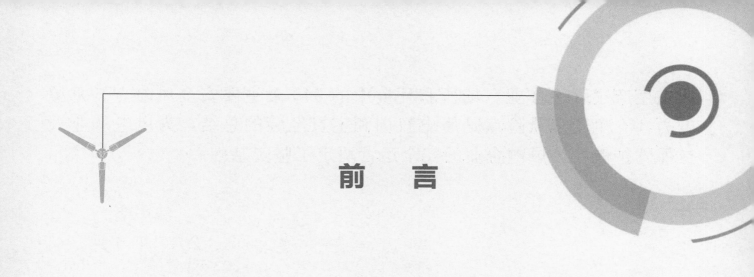

# 前　言

为提高风电从业人员的安全意识和风险预控水平，通过排查、梳理各生产环节中的安全风险，并制定相应预控措施，重点防范高处坠落、触电、物体打击、机械伤害、中毒和窒息等事故。风电安全风险分析及预控措施以生产实际为基础，结合龙源电力系统内各基层风电单位风险分析经验，通过广泛征求意见与充分讨论，共总结出风电企业在生产过程中作业、场所和环境中的345个主要安全风险点。龙源电力345个安全风险点是历史教训和宝贵经验的总结，为风电从业人员保驾护航，为风电企业的安全运营奠定了坚实基础。

编　者

2017年5月

# 目录

# 第一章
# 典型作业相关的安全风险

# 第一节　风电机组

| 工作内容 | 安全风险 | 预控措施 |
|---|---|---|
| **1.1　上下风电机组** | （1）未按规定使用个人安全防护用品，造成高处坠落事故；<br>（2）超规定风速、雷雨天气攀爬风电机组，造成高处坠落、触电事故；<br>（3）随身携带工器具，造成物体打击事故；<br>（4）下塔使用助爬器，造成高处坠落事故； | （1）攀爬风电机组必须正确使用安全带、安全滑块（防坠锁扣）、双钩安全绳、安全帽和安全鞋等个人安全防护用品，严禁失去安全防护；<br>（2）风速超过 15m/s 或雷雨天气，严禁攀爬风电机组； |

续表

| 工作内容 | 安全风险 | 预控措施 |
| --- | --- | --- |
| 1.1　上下风电机组 | （5）平台人孔盖板未及时关闭，造成高处坠落、物体打击事故；<br>（6）两个及以上人员在同一段塔筒内攀爬风电机组，造成物体打击事故；<br>（7）灯具损坏、照明不足，造成高处坠落及其他伤害事故；<br>（8）爬梯松动或存在油污，造成高处坠落事故； | （3）工器具应放入专用工具袋中，严禁随身携带，上、下塔时携带工具袋的人员应后上先下；<br>（4）下塔时，使用安全钢丝绳或导轨，严禁使用助爬器；<br>（5）通过平台后，应及时关闭平台人孔盖板；<br>（6）一人通过平台人 |

续表

| 工作内容 | 安全风险 | 预控措施 |
| --- | --- | --- |
| 1.1　上下风电机组 | （9）安全滑块（防坠锁扣）未锁定安全钢丝绳或导轨，造成高处坠落事故；<br>（10）不停机攀爬风电机组，造成高处坠落事故；<br>（11）接、打电话，造成物体打击事故；<br>（12）吸烟，造成火灾事故 | 孔并关闭盖板后，其他人员方可顺序攀爬，严禁两个及以上人员在同一段塔筒内攀爬风电机组；<br>（7）定期检查，及时更换损坏及亮度不足的灯具；<br>（8）及时紧固爬梯连接螺栓、清理爬梯油污； |

续表

| 工作内容 | 安全风险 | 预控措施 |
| --- | --- | --- |
| **1.1 上下风电机组** | | (9) 攀爬风电机组时，严禁将助爬器的环形钢索作为安全钢丝绳使用；<br>(10) 攀爬风电机组前，必须将风电机组停运，并切换至维护状态；<br>(11) 攀爬风电机组过程中不得接、打电话；<br>(12) 作业时，严禁吸烟 |

续表

| 工作内容 | 安全风险 | 预控措施 |
|---|---|---|
| 1.2　塔底巡视 | （1）雷雨天气巡视风电机组，造成触电事故；<br>（2）与带电设备安全距离不足，造成触电事故；<br>（3）叶片或机舱覆冰时，在叶片风轮平面附近或机舱底部逗留，造成物体打击事故；<br>（4）开启塔筒门方法不当，造成其他伤害事故；<br>（5）高处作业的工作面临边区域未装设防护栏杆，造成高处坠落事故； | （1）雷雨期间严禁巡视风电机组，发生雷雨天气后 1h 内严禁靠近风电机组和箱式变压器；<br>（2）巡视设备时，应与带电设备保持足够的安全距离，具体按《电力安全工作规程　发电厂和变电站电气部分》（GB 26859—2011）相关规定执行； |

续表

| 工作内容 | 安全风险 | 预控措施 |
|---|---|---|
| **1.2　塔底巡视** | （6）吸烟，造成火灾事故 | （3）塔底巡视前，应将风电机组停运，车辆必须停放在上风向并远离风电机组至少20m处，严禁人员在叶片风轮平面附近或机舱底部逗留；<br>（4）开启塔筒门时，必须站在门的开启半径外，开启后应立即挂上防风钩或插上防风锁定销； |

续表

| 工作内容 | 安全风险 | 预控措施 |
| --- | --- | --- |
| **1.2　塔底巡视** |  | （5）箱式变压器高台边缘或临海、临江、临湖设备设施应装设合格、牢固的防护栏杆，防止人员踏空或坐靠发生坠落；<br>（6）作业时，严禁吸烟 |

续表

| 工作内容 | | 安全风险 | 预控措施 |
| --- | --- | --- | --- |
| 1.3 机舱外作业 | 维修风速仪、风向标 | （1）超规定风速作业，造成高处坠落事故；<br>（2）雷雨天气作业，造成触电事故；<br>（3）未正确使用双钩安全绳，造成高处坠落事故；<br>（4）机组偏航，造成高处坠落事故；<br>（5）随身携带、抛掷物品，造成物体打击事故； | （1）风速超过 12m/s 时，严禁出舱作业；<br>（2）雷雨天气不得进行风电机组检修作业，在机组内来不及离开机组，可双脚并拢站在塔架平台上，不得碰触任何部位；<br>（3）必须使用双钩安全绳，两个挂钩应挂在不同的挂点上； |

续表

| 工作内容 | | 安全风险 | 预控措施 |
| --- | --- | --- | --- |
| 1.3　机舱外作业 | 维修风速仪、风向标 | （6）未切断风速仪、风向标电源，造成触电事故；<br>（7）吸烟或明火，造成火灾事故 | （4）出舱前，应断开偏航电机供电电源；<br>（5）工器具或零部件等物品必须放入专用工具袋中，严禁随身携带、抛掷物品；<br>（6）作业前，必须切断风速仪、风向标电源并验明确无电压；<br>（7）作业时，严禁吸烟，动火作业必须办理动火工作票 |

续表

| 工作内容 | | 安全风险 | 预控措施 |
|---|---|---|---|
| **1.3 机舱外作业** | 维修叶片、导流罩 | (1) 超规定风速机舱外作业，造成高处坠落事故；<br>(2) 雷雨天气机舱外作业，造成触电事故；<br>(3) 未正确使用双钩安全绳，造成高处坠落事故；<br>(4) 机组偏航，造成高处坠落事故；<br>(5) 随身携带、抛掷物品，造成物体打击事故；<br>(6) 施工平台（吊篮）安全装置配置不全，造成高处坠落事故； | (1) 风速超过 12m/s 时，严禁出舱作业，遇雷、雨、雪、大雾及风速大于 8m/s 时，严禁在吊篮上作业；<br>(2) 雷雨天气不得进行风电机组检修作业，在机组内来不及离开机组，可双脚并拢站在塔架平台上，不得碰触任何部位； |

续表

| 工作内容 | | 安全风险 | 预控措施 |
|---|---|---|---|
| **1.3　机舱外作业** | 维修叶片、导流罩 | （7）未锁定叶轮锁，造成高处坠落事故；<br>（8）吊篮接近叶片时速度过快，造成高处坠落事故；<br>（9）吊篮的固定钢丝绳松动、吊点和锚点不牢固，造成高处坠落事故；<br>（10）未按规定使用临时电源，造成触电事故；<br>（11）吸烟或明火，造成火灾事故 | （3）必须使用双钩安全绳，两个挂钩应挂在不同的挂点上；<br>（4）出舱前，应断开偏航电机供电电源；<br>（5）工器具或零部件等物品必须放入专用工具袋中，严禁随身携带、抛掷物品；<br>（6）叶片维修用的施工平台（吊篮）必须配置制动器、行程限位、 |

续表

| 工作内容 | | 安全风险 | 预控措施 |
| --- | --- | --- | --- |
| **1.3 机舱外作业** | 维修叶片、导流罩 | | 安全锁及防滑底板；<br>（7）作业前须锁定风电机组叶轮锁，作业结束后，方可解除；<br>（8）吊篮接近叶片时要缓慢靠近，避免发生碰撞；<br>（9）对钢丝绳、吊点、锚点加强检查，发现松动立即紧固；<br>（10）临时电源接线必须规范，电源线应绝 |

续表

| 工作内容 | | 安全风险 | 预控措施 |
|---|---|---|---|
| **1.3 机舱外作业** | 维修叶片、导流罩 | | 缘良好，并装设漏电保护器；<br>（11）作业时，严禁吸烟，动火作业必须办理动火工作票 |
| **1.4 轮毂内作业** | 卫生清洁 | （1）超规定风速在轮毂内作业，造成高处坠落事故；<br>（2）未锁定叶轮锁，造成高处坠落、机械伤害事故；<br>（3）未经轮毂内作业人员允许进行变桨测试，造成机械伤 | （1）风速超过 12m/s 时严禁进入轮毂；<br>（2）作业前须锁定风电机组叶轮锁，作业结束后，方可解除；<br>（3）轮毂内有人作业 |

续表

| 工作内容 | | 安全风险 | 预控措施 |
|---|---|---|---|
| 1.4 轮毂内作业 | 卫生清洁 | 害事故；<br>（4）叶片人孔盖板缺失或固定不牢，造成高处坠落事故；<br>（5）清洗剂含有毒有害成分，造成中毒和窒息事故；<br>（6）清洗剂承装容器为敞开式瓶口容器，造成中毒和窒息事故；<br>（7）使用清洗剂时未进行通风，造成中毒和窒息事故；<br>（8）遗留抹布及废油等，造成火灾事故； | 时，执行变桨测试应由轮毂内人员发令；<br>（4）对叶片人孔盖板加强检查，发现盖板松动、破损或缺失，应及时维修、补充；<br>（5）所选用清洗剂不得含有国家规定的有毒有害成分，每次作业中允许携带的清洗剂总剂量不得超过 1L； |

续表

| 工作内容 | | 安全风险 | 预控措施 |
|---|---|---|---|
| **1.4　轮毂内作业** | 卫生清洁 | （9）吸烟或明火，造成火灾事故 | （6）应采用具有按压式、喷雾式瓶盖的容器进行承装，确保容器倾倒后不会发生泼洒和泄漏，严禁采用敞开式瓶口的容器承装清洗剂；<br>（7）在轮毂内使用清洗剂时，必须装设机械排风装置或使用便携式鼓风机；<br>（8）作业结束后，应 |

续表

| 工作内容 | | 安全风险 | 预控措施 |
|---|---|---|---|
| 1.4 轮毂内作业 | 卫生清洁 | | 及时清理轮毂内杂物及油污；<br>（9）作业时，严禁吸烟，动火作业必须办理动火工作票 |
| | 更换变桨减速器 | （1）超规定风速在轮毂内作业，造成高处坠落事故；<br>（2）未锁定叶轮锁，造成高处坠落、机械伤害事故；<br>（3）未经轮毂内作业人员允许进行变桨测试，造成机械伤 | （1）风速超过12m/s时严禁进入轮毂；<br>（2）作业前须锁定风电机组叶轮锁，作业结束后，方可解除；<br>（3）轮毂内有人作业 |

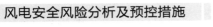

续表

| 工作内容 | | 安全风险 | 预控措施 |
| --- | --- | --- | --- |
| 1.4　轮毂内作业 | 更换变桨减速器 | 害事故；<br>（4）叶片人孔盖板缺失或固定不牢，造成高处坠落事故；<br>（5）未切断变桨电机电源，造成机械伤害或触电事故；<br>（6）拆卸部件前，未预估部件重量，造成物体打击事故；<br>（7）随身携带、抛掷物品，造成物体打击事故；<br>（8）遗留抹布及废油，造成火灾事故； | 时，执行变桨测试应由轮毂内人员发令；<br>（4）对叶片人孔盖板加强检查，发现盖板松动、破损或缺失，应及时维修、补充；<br>（5）更换变桨减速器前，应切断变桨电机电源并验电；<br>（6）应预估拆卸部件重量，作业人员合理站 |

续表

| 工作内容 | | 安全风险 | 预控措施 |
| --- | --- | --- | --- |
| **1.4 轮毂内作业** | 更换变桨减速器 | （9）吸烟或明火，造成火灾事故 | 位，防止部件突然脱落砸伤人员和设备；<br>（7）工器具或零部件等物品必须放入专用工具袋中，严禁随身携带、抛掷物品；<br>（8）作业结束后，应及时清理轮毂内杂物及油污；<br>（9）作业时，严禁吸烟，动火作业必须办理动火工作票 |

续表

| 工作内容 | | 安全风险 | 预控措施 |
| --- | --- | --- | --- |
| **1.5　机械系统作业** | 更换高速刹车盘 | （1）未锁定叶轮锁，造成机械伤害事故；<br>（2）液压系统未泄压，造成其他伤害事故；<br>（3）拆卸部件前，未预估部件重量，造成物体打击事故；<br>（4）旋转部件未按规定安装防护罩或遮拦，造成机械伤害事故；<br>（5）未戴防护手套拆装加热后的刹车盘，造成灼烫事故； | （1）作业前须锁定风电机组叶轮锁，作业结束后，方可解除；<br>（2）作业前释放液压系统压力，佩戴护目镜；<br>（3）应预估刹车盘、联轴器等部件重量，作业人员合理站位，防止部件突然脱落砸伤人员和设备； |

续表

| 工作内容 | | 安全风险 | 预控措施 |
| --- | --- | --- | --- |
| **1.5 机械系统作业** | 更换高速刹车盘 | (6) 更换完毕后未调整刹车盘间隙，造成火灾事故；<br>(7) 遗留抹布及废油等，造成火灾事故；<br>(8) 吸烟或明火，造成火灾事故；<br>(9) 动火作业结束后立即离开现场，造成火灾事故 | (4) 刹车盘、联轴器等旋转部件必须装设防护罩或遮拦；<br>(5) 接触加热后的刹车盘等部件时，应戴防护手套；<br>(6) 更换结束后，应按风电机组相关技术标准调整刹车盘间隙；<br>(7) 作业结束后，应及时清理机舱内杂物及油污； |

续表

| 工作内容 | | 安全风险 | 预控措施 |
| --- | --- | --- | --- |
| 1.5　机械系统作业 | 更换高速刹车盘 | | （8）作业时，严禁吸烟，动火作业必须办理动火工作票；<br>（9）动火结束 15min 后，检查确无明火，方可离开作业现场 |
| | 更换发电机轴承 | （1）未锁定叶轮锁，造成机械伤害事故；<br>（2）作业前未断电、验电、放电，造成触电事故； | （1）作业前须锁定风电机组叶轮锁，作业结束后，方可解除；<br>（2）作业前应断开电源并进行验电、放电； |

续表

| 工作内容 | | 安全风险 | 预控措施 |
| --- | --- | --- | --- |
| **1.5 机械系统作业** | 更换发电机轴承 | （3）拆卸部件前，未预估部件重量，造成物体打击事故；<br>（4）轴承加热器导线绝缘损坏，造成触电事故；<br>（5）未戴防护手套安装加热后的轴承，造成灼烫事故；<br>（6）作业时未采取防护措施直接踩踏机舱壳体，造成高处坠落事故；<br>（7）吸烟或明火，造成火灾事故 | （3）应预估端盖、轴承等部件重量，作业人员合理站位，防止部件突然脱落砸伤人员和设备；<br>（4）检查确认轴承加热器导线无破损后方可作业；<br>（5）接触加热后的轴承时，应戴防护手套；<br>（6）踩踏机舱壳体作业时，必须使用双钩安 |

续表

| 工作内容 | | 安全风险 | 预控措施 |
|---|---|---|---|
| 1.5　机械系统作业 | 更换发电机轴承 | | 全绳；<br>（7）作业时，严禁吸烟，动火作业必须办理动火工作票 |
| | 更换油液滤芯 | （1）未正确佩戴个人防护用品，造成其他伤害事故；<br>（2）更换液压站滤芯时未泄压，造成其他伤害事故；<br>（3）未断开油泵电机电源，造成其他伤害事故； | （1）更换滤芯时应正确佩戴手套、口罩、护目镜等个人防护用品；<br>（2）作业前释放液压系统压力；<br>（3）作业前，应断开油泵电机电源开关； |

续表

| 工作内容 | | 安全风险 | 预控措施 |
| --- | --- | --- | --- |
| **1.5 机械系统作业** | 更换油液滤芯 | （4）遗留抹布及废油等，造成火灾事故；<br>（5）吸烟或明火，造成火灾事故 | （4）作业结束后，应及时清理机舱内杂物及油污；<br>（5）作业时，严禁吸烟，动火作业必须办理动火工作票 |
| | 使用机舱小吊车 | （1）超载使用，造成物体打击事故；<br>（2）与输电线路等带电设备安全距离不足，造成触电事故； | （1）使用前，应核实起吊物品实际重量，不准起吊不明物和埋在地下物品，严禁超载使用； |

续表

| 工作内容 | | 安全风险 | 预控措施 |
| --- | --- | --- | --- |
| **1.5　机械系统作业** | 使用机舱小吊车 | （3）临时缆风绳为导电材质，造成触电事故；<br>（4）吊物孔未安装防护栏杆，造成高处坠落事故；<br>（5）作业时未使用双钩安全绳，造成高处坠落事故；<br>（6）物品绑扎不牢或歪斜拽吊，造成物体打击事故；<br>（7）顶层吊物孔盖板未关闭，造成高处坠落、物体打击事故； | （2）使用前，应将机舱轮毂朝向输电线路，必须确保与附近输电线路等带电设备保持足够的安全距离，具体按《电力安全工作规程　发电厂和变电站电气部分》（GB26859—2011）相关规定执行；<br>（3）临时缆绳材质必须为非导电材料； |

续表

| 工作内容 | | 安全风险 | 预控措施 |
| --- | --- | --- | --- |
| **1.5 机械系统作业** | 使用机舱小吊车 | （8）吸烟，造成火灾事故 | （4）吊物孔应装设刚性防护栏杆，并悬挂安全警示标示；<br>（5）作业时，操作人员必须使用双钩安全绳；<br>（6）吊物时，必须使用专用吊物带并捆绑牢靠，严禁歪斜拽吊；<br>（7）吊物完毕后，应及时关闭吊物孔盖板；<br>（8）作业时，严禁吸烟 |

续表

| 工作内容 | | 安全风险 | 预控措施 |
|---|---|---|---|
| **1.5 机械系统作业** | 振动监测 | （1）数据采集时穿安全带、戴手套等，造成机械伤害事故；<br>（2）未按规定安装旋转部件防护罩，造成机械伤害事故；<br>（3）吸烟，造成火灾事故 | （1）数据采集时严禁穿安全带、戴手套和围巾，长发辫应挽牢在安全帽内；<br>（2）旋转部件防护罩存在破损或未安装等情况，严禁采集数据；<br>（3）作业时，严禁吸烟 |

续表

| 工作内容 | | 安全风险 | 预控措施 |
| --- | --- | --- | --- |
| **1.6 液压系统作业** | 更换液压泵 | （1）未正确使用个人防护用品，造成其他伤害事故；<br>（2）未切断液压泵电机电源，造成机械伤害、触电事故；<br>（3）更换液压泵时未泄压，造成其他伤害事故；<br>（4）拆卸部件前，未预估部件重量，造成物体打击事故；<br>（5）遗留抹布及废油等，造成火灾事故；<br>（6）吸烟，造成火灾事故 | （1）更换液压泵时应正确使用手套、口罩、护目镜等个人防护用品；<br>（2）作业前，必须切断液压泵电机电源，防止部件转动或触电；<br>（3）作业前释放液压系统压力；<br>（4）应预估部件重量，作业人员合理站 |

续表

| 工作内容 | | 安全风险 | 预控措施 |
| --- | --- | --- | --- |
| 1.6　液压系统作业 | 更换液压泵 | | 位，防止部件突然脱落砸伤人员和设备；<br>（5）作业结束后，应及时清理机舱内杂物及油污；<br>（6）作业时，严禁吸烟 |
| | 充装氮气 | （1）氮气瓶捆绑不牢固，造成物体打击事故；<br>（2）氮气瓶本体缺陷、漏气，氮气充装装置接口安装不 | （1）氮气瓶应捆绑牢固，起吊速度保持平稳；<br>（2）氮气瓶瓶帽、防震圈完整，外表面无缺 |

续表

| 工作内容 | | 安全风险 | 预控措施 |
|---|---|---|---|
| **1.6 液压系统作业** | 充装氮气 | 可靠，造成其他伤害事故；<br>（3）吸烟，造成火灾事故 | 陷，瓶阀无泄漏，连接氮气充装装置时，管路接口安装应牢固可靠；<br>（3）作业时，严禁吸烟 |
| **1.7 电气系统作业** | 维修变频器 | （1）作业前未断电、验电、放电，造成触电事故；<br>（2）接线错误、电气连接件接触不良，造成触电、火灾事故； | （1）作业前应断开电源并进行验电、放电；<br>（2）作业时，应对照图纸准确接线，并按标准力矩值紧固连接螺栓 |

续表

| 工作内容 | | 安全风险 | 预控措施 |
|---|---|---|---|
| 1.7　电气系统作业 | 维修变频器 | （3）测试变频器时未关闭柜门，造成物体打击事故；<br>（4）拆卸部件前，未预估部件重量，造成物体打击事故；<br>（5）吸烟，造成火灾事故 | 力矩，轻拉接线检查接线有无松动；<br>（3）测试时，应关闭柜门并做好防护，远离被测试设备；<br>（4）应预估部件重量，作业人员合理站位，防止部件突然脱落砸伤人员和设备；<br>（5）作业时，严禁吸烟 |

续表

| 工作内容 | | 安全风险 | 预控措施 |
| --- | --- | --- | --- |
| **1.7 电气系统作业** | 维修空开、接触器、继电器 | （1）作业前未断电、验电、放电，造成触电事故；<br>（2）接线错误、电气连接件接触不良，造成触电、火灾事故；<br>（3）继电器更换后未正确设置定值，造成火灾事故；<br>（4）吸烟，造成火灾事故 | （1）作业前应断开电源并进行验电、放电；<br>（2）作业时，应对照图纸准确接线，并按标准力矩值紧固连接螺栓力矩，轻拉接线检查接线有无松动；<br>（3）更换继电器后，应根据风电机组相关技术标准设定动作电压、电流、时间值； |

续表

| 工作内容 | | 安全风险 | 预控措施 |
|---|---|---|---|
| 1.7 电气系统作业 | 维修空开、接触器、继电器 | | （4）作业时，严禁吸烟 |
| | 更换主回路断路器 | （1）作业前未断电、验电、放电，造成触电事故；<br>（2）接线错误、电气连接件接触不良，造成触电、火灾事故；<br>（3）断路器更换后未正确设置定值，造成火灾事故； | （1）作业前应断开电源并进行验电、放电；<br>（2）作业时，应对照图纸准确接线，并按标准力矩值紧固连接螺栓力矩，轻拉接线检查接线有无松动； |

续表

| 工作内容 | | 安全风险 | 预控措施 |
| --- | --- | --- | --- |
| 1.7 电气系统作业 | 更换主回路断路器 | （4）吸烟，造成火灾事故 | （3）更换断路器后，应根据风电机组相关技术标准设定动作电压、电流、时间值；<br>（4）作业时，严禁吸烟 |
| | 更换熔断器 | （1）作业前未断电、验电、放电，造成触电事故；<br>（2）接触不良，造成火灾事故；<br>（3）变更熔断器容量，造成火灾事故； | （1）作业前应断开电源并进行验电、放电；<br>（2）作业前，应检查熔断器卡扣等部件，确保功能良好； |

续表

| 工作内容 | | 安全风险 | 预控措施 |
|---|---|---|---|
| **1.7 电气系统作业** | 更换熔断器 | （4）吸烟，造成火灾事故 | （3）严禁擅自变更熔断器容量；<br>（4）作业时，严禁吸烟 |
| **1.8 大部件吊装** | 更换叶片 | （1）超规定风速、雷雨、大雾等天气吊装作业，造成物体打击、触电事故；<br>（2）与输电线路等带电设备安全距离不足，造成触电事故； | （1）遇大雪、大雨、大雾、风速10m/s以上等恶劣天气，严禁户外或露天起重作业；<br>（2）作业时，必须确保叶片、吊臂与附近输电线路等带电设备保持 |

续表

| 工作内容 | | 安全风险 | 预控措施 |
|---|---|---|---|
| **1.8 大部件吊装** | 更换叶片 | （3）超载起吊，造成物体打击事故；<br>（4）在吊车起重臂或起吊物下方经过、停留，造成物体打击事故；<br>（5）吊绳与吊物之间棱角处直接接触，造成物体打击事故；<br>（6）未设专人统一指挥或通信不畅，造成物体打击事故； | 足够的安全距离，具体按《电力安全工作规程 发电厂和变电站电气部分》（GB 26859—2011）相关规定执行；<br>（3）起吊前，应核实起吊物品实际重量，严禁超载起吊；<br>（4）现场必须设置警戒围栏，严禁在吊车起 |

续表

| 工作内容 | | 安全风险 | 预控措施 |
| --- | --- | --- | --- |
| 1.8　大部件吊装 | 更换叶片 | （7）临时吊物绳、缆风绳为导电材质，造成触电事故；<br>（8）歪斜拽吊，造成物体打击事故；<br>（9）未按规定使用临时电源，造成触电事故；<br>（10）吊具连接不牢固、破损或选用不当，造成物体打击事故； | 重臂下、旋转半径内或起吊物下方经过、停留；<br>（5）起吊前，应在吊绳与吊物之间棱角处加装软质衬套等防护；<br>（6）吊装作业时，应由专人统一指挥，使用标准的指挥手势及口令，必须保持通信畅通； |

续表

| 工作内容 | | 安全风险 | 预控措施 |
|---|---|---|---|
| 1.8　大部件吊装 | 更换叶片 | (11) 起吊时，叶片重心不稳，失去平衡，造成物体打击事故；<br>(12) 叶轮固定不牢，发生倾倒，造成物体打击事故；<br>(13) 吊装叶轮前未锁定叶片锁，造成物体打击事故；<br>(14) 吸烟，造成火灾事故 | (7) 临时缆绳材质必须为非导电材料；<br>(8) 吊物时，必须使用专用吊物带并捆绑牢靠，严禁歪斜拽吊；<br>(9) 临时电源接线必须规范，电源线应绝缘良好，并装设漏电保护器； |

续表

| 工作内容 | | 安全风险 | 预控措施 |
| --- | --- | --- | --- |
| **1.8　大部件吊装** | 更换叶片 | | （10）应选用正确并经检验合格、无破损的吊具，使用吊具时应连接牢固；<br>（11）起吊前确定重心位置，保持吊物平衡，必须使用缆风绳；<br>（12）叶轮吊至地面后，所有叶片必须可靠支撑，防止倾倒； |

续表

| 工作内容 | | 安全风险 | 预控措施 |
| --- | --- | --- | --- |
| 1.8 大部件吊装 | 更换叶片 | | （13）叶轮吊装前必须锁定叶片锁，防止吊装过程中叶片角度变化；<br>（14）作业时，严禁吸烟 |
| | 更换齿轮箱 | （1）超规定风速、雷雨、大雾等天气吊装作业，造成物体打击、触电事故； | （1）遇大雪、大雨、大雾、风速 10m/s 以上等恶劣天气，严禁户 |

续表

| 工作内容 | | 安全风险 | 预控措施 |
|---|---|---|---|
| 1.8 大部件吊装 | 更换齿轮箱 | （2）与输电线路等带电设备安全距离不足，造成触电事故；<br>（3）超载起吊，造成物体打击事故；<br>（4）在吊车起重臂或起吊物下方经过、停留，造成物体打击事故； | 外或露天起重作业；<br>（2）作业时，必须确保叶片、吊臂与附近输电线路等带电设备保持足够的安全距离，具体按《电力安全工作规程　发电厂和变电站电气部分》（GB 26859—2011）相关规定执行； |

续表

| 工作内容 | | 安全风险 | 预控措施 |
|---|---|---|---|
| **1.8 大部件吊装** | 更换齿轮箱 | （5）吊绳与吊物之间棱角处直接接触，造成物体打击事故；<br>（6）未设专人统一指挥或通信不畅，造成物体打击事故；<br>（7）临时吊物绳、缆风绳为导电材质，造成触电事故；<br>（8）歪斜拽吊，造成物体打击事故；<br>（9）未按规定使用临时电源，造成触电事故； | （3）起吊前，应核实起吊物品实际质量，严禁超载起吊；<br>（4）现场必须设置警戒围栏，严禁在吊车起重臂下、旋转半径内或起吊物下方经过、停留；<br>（5）起吊前，应在吊绳与吊物之间棱角处加装软质衬套等防护； |

续表

| 工作内容 | | 安全风险 | 预控措施 |
| --- | --- | --- | --- |
| **1.8 大部件吊装** | 更换齿轮箱 | （10）吊具连接不牢固、破损或选用不当，造成物体打击事故；<br>（11）拆卸齿轮箱油管时未正确使用个人防护用品，造成其他伤害事故；<br>（12）拆除液压部件时未泄压，造成其他伤害事故；<br>（13）未锁定叶轮锁，造成机械伤害事故；<br>（14）过早拆除机舱盖螺栓，造成物体打击事故； | （6）吊装作业时，应由专人统一指挥，使用标准的指挥手势及口令，必须保持通信畅通；<br>（7）临时缆绳材质必须为非导电材料；<br>（8）吊物时，必须使用专用吊物带并捆绑牢靠，严禁歪斜拽吊；<br>（9）临时电源接线必须规范，电源线应绝缘良好，并装设漏电保护器； |

续表

| 工作内容 | | 安全风险 | 预控措施 |
|---|---|---|---|
| **1.8 大部件吊装** | 更换齿轮箱 | （15）未与发电机进行对中，造成物体打击事故；<br>（16）旋转部件未按规定安装防护罩或遮拦，造成机械伤害事故；<br>（17）遗留抹布及废油，造成火灾事故；<br>（18）吸烟或明火，造成火灾事故 | （10）应选用正确并经检验合格、无破损的吊具，使用吊具时应连接牢固；<br>（11）在拆解齿轮箱油管时，应正确佩戴手套、口罩、护目镜等个人防护用品；<br>（12）拆除液压部件前，应释放液压系统压力； |

续表

| 工作内容 | | 安全风险 | 预控措施 |
|---|---|---|---|
| **1.8 大部件吊装** | 更换齿轮箱 | | （13）作业前锁定叶轮锁及刹车盘处机械锁；<br>（14）机舱盖吊具连接前，不得将连接螺栓全部拆除；<br>（15）齿轮箱更换完毕后，必须进行齿轮箱与发电机对中，对中数据要符合风电机组相关技术文件要求； |

续表

| 工作内容 | | 安全风险 | 预控措施 |
|---|---|---|---|
| **1.8 大部件吊装** | 更换齿轮箱 | | （16）刹车盘、联轴器等旋转部件必须装设防护罩或遮拦；<br>（17）作业结束后，应及时清理轮毂内杂物及油污；<br>（18）作业时，严禁吸烟，动火作业必须办理动火工作票 |

续表

| 工作内容 | | 安全风险 | 预控措施 |
|---|---|---|---|
| 1.8 大部件吊装 | 更换发电机 | （1）超规定风速、雷雨、大雾等天气吊装作业，造成物体打击、触电事故；<br>（2）与输电线路等带电设备安全距离不足，造成触电事故；<br>（3）超载起吊，造成物体打击事故；<br>（4）在吊车起重臂或起吊物下方经过、停留，造成物体打击事故；<br>（5）吊绳与吊物之间棱角处 | （1）遇大雪、大雨、大雾、风速 10m/s 以上等恶劣天气，严禁户外或露天起重作业；<br>（2）作业时，必须确保叶片、吊臂与附近输电线路等带电设备保持足够的安全距离，具体按《电力安全工作规程　发电厂和变电站电气部分》（GB 26859—2011）相关规定执行； |

续表

| 工作内容 | | 安全风险 | 预控措施 |
|---|---|---|---|
| **1.8 大部件吊装** | 更换发电机 | 直接接触，造成物体打击事故；<br>（6）未设专人统一指挥或通信不畅，造成物体打击事故；<br>（7）临时吊物绳、缆风绳为导电材质，造成触电事故；<br>（8）歪斜拽吊，造成物体打击事故；<br>（9）未按规定使用临时电源，造成触电事故；<br>（10）吊具连接不牢固、破损或选用不当，造成物体打击事故； | （3）起吊前，应核实起吊物品实际质量，严禁超载起吊；<br>（4）现场必须设置警戒围栏，严禁在吊车起重臂下、旋转半径内或起吊物下方经过、停留；<br>（5）起吊前，应在吊绳与吊物之间棱角处加装软质衬套等防护；<br>（6）吊装作业时，应由专人统一指挥，使用 |

续表

| 工作内容 | | 安全风险 | 预控措施 |
|---|---|---|---|
| 1.8　大部件吊装 | 更换发电机 | （11）作业前未断电、验电、放电，造成触电事故；<br>（12）拆卸部件前，未预估部件重量，造成物体打击事故；<br>（13）过早拆除机舱盖螺栓，造成物体打击事故；<br>（14）未锁定叶轮锁，造成机械伤害事故；<br>（15）未与齿轮箱进行对中，造成物体打击事故； | 标准的指挥手势及口令，必须保持通信畅通；<br>（7）临时缆绳材质必须为非导电材料；<br>（8）吊物时，必须使用专用吊物带并捆绑牢靠，严禁歪斜拽吊；<br>（9）临时电源接线必须规范，电源线应绝缘良好，并装设漏电保护器；<br>（10）应选用正确并经检验合格、无破损的 |

续表

| 工作内容 | | 安全风险 | 预控措施 |
| --- | --- | --- | --- |
| **1.8 大部件吊装** | 更换发电机 | （16）旋转部件未按规定安装防护罩或遮拦，造成机械伤害事故；<br>（17）吸烟或明火，造成火灾事故 | 吊具，使用吊具时应连接牢固；<br>（11）作业前应断开电源并进行验电、放电；<br>（12）应预估联轴器等部件重量，作业人员合理站位，防止部件突然脱落砸伤人员和设备；<br>（13）机舱盖吊具连接前，不得将连接螺栓全部拆除；<br>（14）作业前锁定叶轮 |

续表

| 工作内容 | | 安全风险 | 预控措施 |
| --- | --- | --- | --- |
| **1.8 大部件吊装** | 更换发电机 | | 锁及刹车盘处机械锁；<br>（15）发电机更换完毕后，必须进行齿轮箱与发电机对中，对中数据要符合风电机组相关技术文件要求；<br>（16）刹车盘、联轴器等旋转部件必须装设防护罩或遮拦；<br>（17）作业时，严禁吸烟，动火作业必须办理动火工作票 |

# 第二节　升 压 站

| 工作内容 | | 安全风险 | 预控措施 |
|---|---|---|---|
| **2.1 设备巡视** | 日常巡视 | （1）未正确佩戴个人防护用品，造成其他伤害事故；<br>（2）与带电设备安全距离不足，造成触电事故 | （1）正确佩戴、使用安全帽、安全鞋等个人防护用品；<br>（2）巡视时，应与带电设备保持足够的安全距离，具体按《电力安全工作规程　发电厂和变电站电气部分》（GB 26859—2011）相关规定执行 |

续表

| 工作内容 | | 安全风险 | 预控措施 |
|---|---|---|---|
| **2.1　设备巡视** | 系统接地不良特殊巡视 | （1）接地故障产生跨步电压，造成触电事故；<br>（2）避雷器、避雷针接地线未有效连接，造成触电事故；<br>（3）接地故障引起系统谐振导致 TV 爆炸，产生碎片、气浪，造成其他伤害事故 | （1）高压设备接地故障时，室内不得靠近故障点 4m 以内，室外不得靠近故障点 8m；<br>（2）避雷器、避雷针的接地引下线应可靠接地；<br>（3）检查 TV 柜前先确认有无异音，检查完毕后尽可能远离 TV 柜 |

续表

| 工作内容 | | 安全风险 | 预控措施 |
| --- | --- | --- | --- |
| **2.1 设备巡视** | 设备漏油、异音特殊巡视 | （1）设备漏油，造成火灾事故；<br>（2）松动部件掉落，造成物体打击事故 | （1）及时处理漏油，清理油污；<br>（2）加强设备检查，及时紧固松动部件 |
| | 六氟化硫（$SF_6$）泄漏特殊巡视 | （1）贸然进入$SF_6$配电装置室，造成中毒和窒息事故；<br>（2）作业时，$SF_6$气体泄漏，造成中毒和窒息事故 | （1）装设$SF_6$气体泄漏报警装置；<br>（2）在$SF_6$配电装置室低位安装机械通风装置；<br>（3）进入$SF_6$配电装置室前，如报警装置显 |

续表

| 工作内容 | | 安全风险 | 预控措施 |
| --- | --- | --- | --- |
| **2.1　设备巡视** | 六氟化硫（$SF_6$）泄漏特殊巡视 | | 示 $SF_6$ 气体含量超标，应先通风至气体含量合格，方可进入；<br>（4）定期对 $SF_6$ 气体泄漏报警装置进行校验，校验合格方可使用；<br>（5）巡视人员不得在 $SF_6$ 设备防爆膜附近停留；<br>（6）$SF_6$ 配电装置泄漏时，人员应迅速撤出现场，开启所有通风装置进行通风 |

续表

| 工作内容 | | 安全风险 | 预控措施 |
|---|---|---|---|
| **2.2 设备检修** | 一次设备检修 | （1）未按规定使用个人安全防护用品，造成高处坠落事故；<br>（2）梯子等站立平台不稳，造成高处坠落事故；<br>（3）随身携带、抛掷物品，造成物体打击事故 | （1）高处作业时，必须正确使用安全帽、安全带、安全鞋等个人安全防护用品，严禁失去安全防护；<br>（2）使用梯子应有专人扶持，梯子的底脚须采取可靠的防滑措施，人字梯的铰链和限制开度的拉链牢固；<br>（3）工器具或零部件等物品必须放入专用工 |

续表

| 工作内容 | | 安全风险 | 预控措施 |
|---|---|---|---|
| **2.2　设备检修** | 一次设备检修 | | 具袋中，严禁随身携带、抛掷物品 |
| | | 误碰带电设备，造成触电事故 | （1）作业前交待工作任务，指明工作地点、带电设备和安全注意事项；<br>（2）作业前必须核对设备名称和编号与工作票相符；<br>（3）严格执行工作前停电、验电、装设接地线，履行工作许可手续； |

续表

| 工作内容 | | 安全风险 | 预控措施 |
|---|---|---|---|
| **2.2 设备检修** | 一次设备检修 | | （4）工作地点必须装设安全围栏，悬挂“止步，高压危险”标示牌；<br>（5）相邻带电设备悬挂“运行设备”标示牌；<br>（6）设专人监护，及时纠正违规作业；<br>（7）带电设备应有防误闭锁装置，不得随意解除；<br>（8）不得擅自扩大工作范围 |

续表

| 工作内容 | | 安全风险 | 预控措施 |
|---|---|---|---|
| **2.2　设备检修** | 一次设备检修 | 误入带电间隔，造成触电事故 | （1）作业前交待工作任务，指明工作地点、带电间隔和安全注意事项；<br>（2）认真核对设备名称和编号与工作票相符 |
| | | 随意解除防误闭锁装置，造成触电事故 | （1）严格执行防误闭锁操作程序；<br>（2）严禁任何人员未经批准随意使用万能钥匙； |

续表

| 工作内容 | | 安全风险 | 预控措施 |
|---|---|---|---|
| **2.2 设备检修** | 一次设备检修 | | （3）严禁用万能钥匙代替程序钥匙进行操作；<br>（4）严禁撬砸防误闭锁装置 |
| | | 装、拆接地线，造成触电事故 | 装、拆接地线均应戴绝缘手套，使用绝缘棒 |
| | | 搬运长物，造成触电事故 | （1）在变电站内搬动梯子、管子等长物，应放倒后两人搬运，并与带电设备保持足够的安全距离，具体按《电力 |

续表

| 工作内容 | | 安全风险 | 预控措施 |
| --- | --- | --- | --- |
| **2.2　设备检修** | 一次设备检修 | 搬运长物，造成触电事故 | 安全工作规程　发电厂和变电站电气部分》（GB 26859—2011）相关规定执行；<br>（2）在变电站的带电区域内或临近带电线路处，应使用绝缘爬梯 |
| | | 隔离开关跌落，造成触电事故 | 高压设备、母线检修时，母线隔离开关要加装绝缘罩，隔离开关操作把手要使用止位螺钉并保证止位可靠 |

续表

| 工作内容 | | 安全风险 | 预控措施 |
| --- | --- | --- | --- |
| **2.2 设备检修** | 二次设备检修 | 误入带电间隔，造成触电事故 | （1）作业前交待工作任务，指明工作地点、带电间隔和安全注意事项；<br>（2）认真核对设备名称和编号与工作票相符 |
| | | TA 开路，造成触电事故 | （1）在 TA 二次回路进行短路接线，应用短路片、短路线短路，并要有可靠的接地点；<br>（2）工作中严禁将回路的永久接地点断开； |

续表

| 工作内容 | | 安全风险 | 预控措施 |
| --- | --- | --- | --- |
| 2.2 设备检修 | 二次设备检修 | TA开路，造成触电事故 | （3）工作时，应有专人监护，使用绝缘工具，并站在绝缘垫上 |
| | | 传动试验误分、合断路器，造成触电事故 | （1）认真核对设备名称和编号与工作票相符；<br>（2）带开关整组试验前必须先通知有关人员离开断路器和机构，并设专人监护 |

续表

| 工作内容 | | 安全风险 | 预控措施 |
| --- | --- | --- | --- |
| **2.2 设备检修** | 二次设备检修 | 误接线、误整定，造成触电、火灾事故 | （1）继电保护装置、安全自动装置和自动化监控系统的二次回路变动时，应按经审批后的图纸进行，无用的接线应隔离清楚，防止误接线；<br>（2）拆动接线前先与原图纸核对，接线修改后要与新图纸核对，并及时替换原图纸； |

续表

| 工作内容 | | 安全风险 | 预控措施 |
|---|---|---|---|
| **2.2 设备检修** | 二次设备检修 | | （3）拆除接线前应做好记录，记录好拆除前位置；<br>（4）投运前应核对装置定值与保护定值单一致 |
| **2.3 试验校验** | 高压试验 | 高压试验安全措施不到位，造成触电事故 | （1）高压试验设备外壳必须可靠接地；<br>（2）高压引线的接线应牢固并尽量缩短，并采用专用的高压试验线，必要时用绝缘物牢固支撑；<br>（3）试验装置的电源 |

续表

| 工作内容 | | 安全风险 | 预控措施 |
|---|---|---|---|
| **2.3 试验校验** | 高压试验 | 高压试验安全措施不到位，造成触电事故 | 开关，应使用明显断开的双极隔离开关；<br>(4) 引接电源时应将上级断路器断开，验明不带电后方可引接；<br>(5) 试验设备与被试设备保持安全距离，悬挂“止步，高压危险”的标示牌；<br>(6) 高压试验时，必须穿绝缘鞋，戴绝缘手套，操作人应站在绝缘垫上； |

续表

| 工作内容 | | 安全风险 | 预控措施 |
|---|---|---|---|
| **2.3 试验校验** | 高压试验 | 高压试验安全措施不到位，造成触电事故 | （7）试验结束后，对被试设备及升压设备充分放电后方可拆线；<br>（8）试验前应装设警示围栏，提醒人员严禁靠近试验设备和被试设备，必须设置专人监护；<br>（9）在同一电气连接部分，许可高压试验前，应将其他检修工作暂停，试验完成前不应许可其他工作 |

续表

| 工作内容 | | 安全风险 | 预控措施 |
| --- | --- | --- | --- |
| **2.3 试验校验** | 高压试验 | 被试设备未与相邻设备有效隔离，造成触电事故 | 被试设备进行独立试验时，应拆除与相邻设备的连接，做到有效隔离，拆前应做好标记，试验结束恢复连接应检查准确、牢固 |
| | | 试验接线错误，表计量程不符合试验要求，造成触电事故 | 加压前必须认真检查试验接线、表计倍率、量程、调压器零位及仪表的开始状态均正确无误 |

续表

| 工作内容 | | 安全风险 | 预控措施 |
|---|---|---|---|
| **2.3　试验校验** | 高压试验 | 人员未离开被试设备即开始试验，造成触电事故 | （1）非试验人员不得进入试验现场，试验开始后，监护人应监督所有人不得跨越围栏进入试验区；<br>（2）加压前应通知所有人员离开被试设备，并取得试验负责人许可后方可加压 |
| | | 大电容放电不充分，造成触电事故 | （1）应先放电再试验； |

续表

| 工作内容 | | 安全风险 | 预控措施 |
|---|---|---|---|
| **2.3 试验校验** | 高压试验 | 大电容放电不充分，造成触电事故 | （2）试验每告一段落或结束时，应将设备对地放电数次或短路接地；<br>（3）放电时，需戴绝缘手套，使用专用放电杆进行 |
| | | （1）试验结束后，接线未恢复至试验前状态，造成触电事故；<br>（2）试验结束后，恢复接线过程中，造成触电事故 | 试验结束后，应断开试验电源，将被试设备放电数次或短路接地，放电结束后，拆除短路接地线（如有），恢复接线至试验前的状态 |

续表

| 工作内容 | | 安全风险 | 预控措施 |
| --- | --- | --- | --- |
| **2.3　试验校验** | 互感器试验 | （1）未按规定使用个人安全防护用品，造成高处坠落事故；<br>（2）梯子等站立平台不稳，造成高处坠落事故；<br>（3）反送电、感应电，造成触电事故；<br>（4）被试设备突然来电，造成触电事故；<br>（5）接线错误，造成触电事故 | （1）高处作业时，必须正确使用安全帽、安全带、安全鞋等个人安全防护用品，严禁失去安全防护；<br>（2）使用梯子应有专人扶持，梯子的底脚须采取可靠的防滑措施，人字梯的铰链和限制开度的拉链牢固；<br>（3）在进行电压互感器二次加压试验时，应 |

续表

| 工作内容 | | 安全风险 | 预控措施 |
|---|---|---|---|
| **2.3 试验校验** | 互感器试验 | | 取下该电压互感器的一、二次熔断器；<br>（4）试验前应断开被试验设备的所有断路器、隔离开关及变压器和电压互感器的一、二次熔断器；<br>（5）如需要使用发电机，只能做现场试验电源或工作照明用，严禁接入其他任何电气回路；<br>（6）在被试设备两端 |

续表

| 工作内容 | | 安全风险 | 预控措施 |
| --- | --- | --- | --- |
| 2.3　试验校验 | 互感器试验 | | 及可能来电侧进行验电并装设接地线；<br>（7）拆除二次接线前，应做好记录，试验后应校验并正确恢复接线 |
| | 电气仪表校验 | 电气回路短路，造成触电事故 | （1）带电装拆电气仪表时，应使用专用工器具，戴绝缘手套；<br>（2）装拆带有电压互感器的电压表、电能表时，严禁电压回路短路接地 |

续表

| 工作内容 | | 安全风险 | 预控措施 |
| --- | --- | --- | --- |
| **2.3 试验校验** | 电气仪表校验 | 电气仪表校验，造成触电事故 | （1）需要停电工作时，应可靠断开电源，在隔离开关把手上挂“严禁合闸，有人工作”的标示牌，并装设接地线；<br>（2）带电试验时，应戴绝缘手套，使用绝缘工具，与带电部位保持足够的安全距离，具体按《电力安全工作规程 发电厂和变电站电气部分》（GB 26859—2011）相关规定 |

续表

| 工作内容 | | 安全风险 | 预控措施 |
|---|---|---|---|
| **2.3　试验校验** | 电气仪表校验 | | 执行，必要时加装绝缘护板，设专人监护；<br>（3）试验接线线夹应有绝缘套 |
| **2.4　电气倒闸操作** | | （1）未按规定使用个人安全防护用品，造成物体打击、触电事故；<br>（2）母线无明显断开点，造成触电事故；<br>（3）母线上拆除的引线或导线未固定，造成触电事故 | （1）作业时，必须正确使用安全帽、安全鞋等个人安全防护用品，严禁失去安全防护；<br>（2）停电、验电、挂地线或合接地刀闸；<br>（3）在门型框架、硬 |

续表

| 工作内容 | 安全风险 | 预控措施 |
|---|---|---|
| **2.4 电气倒闸操作** | | 母线上作业，将双钩安全绳系挂在牢固可靠挂点；<br>（4）检查母线两侧均有明显断开点，使用相应电压等级的验电器验电；<br>（5）母线进行测量绝缘或试验前，必须确认全部人员均已撤离；<br>（6）将拆除的导线或引线应固定好 |

续表

| 工作内容 | 安全风险 | 预控措施 |
| --- | --- | --- |
| **2.4　电气倒闸操作** | 误入带电间隔，造成触电事故 | （1）操作前，严格履行监护复诵制；<br>（2）确认操作对象的设备名称、双重编号与操作票相符 |
| | 误操作，造成触电事故 | （1）倒闸操作必须由两人进行；<br>（2）严格按票面顺序逐项操作；<br>（3）执行一个倒闸操作任务过程中不得更换人员； |

续表

| 工作内容 | 安全风险 | 预控措施 |
| --- | --- | --- |
| **2.4 电气倒闸操作** | | （4）防误闭锁装置不得用万能钥匙解锁和撬砸闭锁装置；<br>（5）每操作完一项及时打“√”，不得事后补充；<br>（6）严格执行唱票复诵制度；<br>（7）操作前做好“四核对” |
| | 拉、合断路器、隔离开关，装拆高压熔断器，造成触电事故 | （1）雷雨大风时严禁操作； |

续表

| 工作内容 | 安全风险 | 预控措施 |
|---|---|---|
| **2.4　电气倒闸操作** | | （2）操作前必须穿绝缘靴、戴绝缘手套，站在绝缘垫上；<br>（3）操作时，操作人、监护人应选择合适站位，身体应离开隔离开关和把手活动范围 |
| | 拉合、装拆接地刀闸、接地线，造成触电事故 | （1）操作前必须使用相应电压等级的验电器验电；<br>（2）装设接地线时，先接地，后装上端，拆 |

续表

| 工作内容 | 安全风险 | 预控措施 |
|---|---|---|
| **2.4 电气倒闸操作** | | 除接地线时程序相反，接地端不得缠绕；<br>（3）应使用相应电压等级接地线，且确保接地端和导体端接触良好 |

## 第三节　线路与箱式变压器

| 工作内容 | 安全风险 | 预控措施 |
|---|---|---|
| **3.1 设备巡视** | （1）未按规定使用个人防护用品，造成物体打击、触电事故； | （1）正确使用安全带、安全帽、安全鞋、 |

续表

| 工作内容 | 安全风险 | 预控措施 |
|---|---|---|
| **3.1　设备巡视** | （2）线缆断裂，造成触电事故；<br>（3）线缆跨越交通道路，安全距离不足，造成触电事故；<br>（4）箱式变压器无防护栏杆，造成高处坠落事故 | 手套等个人防护用品；<br>（2）巡视时沿线路外侧行走，大风时在线路的上风向巡视，发现线缆断裂并掉落至地面，室外不得靠近故障点 8m 以内；<br>（3）设置限高标志，必要时将导线架高，保持足够安全距离，具体按《电力安全工作规程　电力线路部分》（GB 26859—2011）相关规定执行； |

续表

| 工作内容 | 安全风险 | 预控措施 |
|---|---|---|
| **3.1 设备巡视** | | （4）箱式变压器高台边缘或临海、临江、临湖设备设施应装设合格、牢固的防护栏杆，防止人员踏空或坐、靠发生坠落 |
| **3.2 砍伐超高树木** | （1）与带电线路安全距离不足，造成触电事故；<br>（2）树木折断、倾倒，造成物体打击、高处坠落事故； | （1）保持足够安全距离，具体按《电力安全工作规程 电力线路部分》（GB 26859—2011）执行，必要时将线路停电； |

续表

| 工作内容 | 安全风险 | 预控措施 |
| --- | --- | --- |
| **3.2　砍伐超高树木** | （3）安全带挂点选取错误，造成高处坠落事故 | （2）砍伐树木时，不应攀抓脆弱、枯死等有折断风险的树枝，应设专人监护，所有作业人员应注意树木倾倒方向，树木下方严禁站立其他无关人员；<br>（3）安全带要高挂低用，系在砍伐口的下方，防止被割、锯、砍断 |

续表

| 工作内容 | 安全风险 | 预控措施 |
| --- | --- | --- |
| **3.3　停电作业** | （1）走错位置，造成触电事故；<br>（2）拉、合跌落式熔断器，造成触电事故 | （1）工作负责人要认真指明停电工作范围，交代线路带电部位；<br>（2）登塔前，要核对停电线路名称、杆塔号；<br>（3）作业前，必须对停电线路用合格验电器进行验电，验明线路确无电压后在工作地点装设接地线；<br>（4）在杆塔上作业时，严禁进入带电侧的 |

续表

| 工作内容 | 安全风险 | 预控措施 |
| --- | --- | --- |
| **3.3　停电作业** | | 横担，或在该侧横担上放置任何物品；<br>（5）遇到同杆架设，作业人员应使用个人保安线，必要时停运此线路；<br>（6）拉、合跌落式熔断器应使用专用操作杆，先拉开中间相，再拉开其他两相，送电反之 |
| **3.4　高处作业** | （1）作业前未断电、验电、放电，造成触电事故； | （1）作业前应断开电源并进行验电、放电； |

续表

| 工作内容 | 安全风险 | 预控措施 |
| --- | --- | --- |
| 3.4　高处作业 | （2）杆塔上转移作业位置时无安全防护，造成高处坠落事故；<br>（3）杆塔作业时调整或拆除拉线，造成高处坠落事故；<br>（4）在杆塔或线路下方逗留，造成物体打击事故；<br>（5）导、地线脱落后触碰带电设备，造成触电事故；<br>（6）未装设接地线，造成触电事故；<br>（7）杆塔倾斜倒塌，造成物体打击事故 | （2）杆塔上转移作业位置时，不得失去安全带保护，并防止安全带从杆顶脱出或被锋利物损坏；<br>（3）杆塔上有人工作时，不准调整或拆除拉线；<br>（4）经过杆塔或线路下方时应快速通过，严禁逗留；<br>（5）在被跨越的电力线两侧的杆塔上作业， |

续表

| 工作内容 | 安全风险 | 预控措施 |
| --- | --- | --- |
| 3.4　高处作业 |  | 应设双重保护，防止导、地线脱落到下方的带电设备上；<br>（6）现场作业前必须对停电线路用合格验电器进行验电，验明线路确无电压后在工作地点装设接地线；<br>（7）杆塔倾斜，应在四周设置警示围栏，人员不得擅自挖开基础，不得登杆塔 |

续表

| 工作内容 | 安全风险 | 预控措施 |
|---|---|---|
| **3.5　电力电缆作业** | （1）未停电作业，造成触电事故；<br>（2）工器具使用不当，造成其他伤害事故；<br>（3）土层塌方，造成坍塌事故；<br>（4）开启电缆井井盖、电缆沟盖板方法不当，造成高处坠落事故；<br>（5）贸然进入有限空间，造成中毒和窒息事故 | （1）电缆沟开挖前必须将线路或箱式变压器停电，停电前核对线路或箱式变压器编号和名称，停电后验电并装设接地线；<br>（2）使用电工刀时必须带防护手套；<br>（3）沟（槽）开挖深度达到 1.5m 及以上时，应注意放坡或加强挡土支撑，防止土层塌方； |

续表

| 工作内容 | 安全风险 | 预控措施 |
| --- | --- | --- |
| **3.5　电力电缆作业** | | （4）开启电缆井井盖、电缆沟盖板时，应使用专用工具，同时合理站位，以免坠落，开启后应设置遮拦，并设专人监护；<br>（5）进入电缆井、电缆沟前，应先通风再进入 |
| **3.6　更换箱式变压器熔断器** | （1）未停电作业，造成触电事故；<br>（2）拆装箱式变压器端盖，未 | （1）箱式变压器停电、验电、放电并挂设接地线； |

续表

| 工作内容 | 安全风险 | 预控措施 |
| --- | --- | --- |
| 3.6　更换箱式变压器熔断器 | 预估重量，造成物体打击事故；<br>（3）变更熔断器容量，造成火灾事故 | （2）应预估拆装部件重量，并合理站位，防止部件突然脱落砸伤人员；<br>（3）严禁擅自变更熔断器容量 |
| 3.7　预防性试验 | （1）未停电作业，造成触电事故；<br>（2）试验设备外壳破损，造成触电事故； | （1）箱式变压器停电、验电、放电并挂设接地线；<br>（2）高压试验设备外 |

续表

| 工作内容 | 安全风险 | 预控措施 |
| --- | --- | --- |
| **3.7　预防性试验** | （3）试验接线错误，表计量程不符合试验要求，造成触电事故；<br>（4）人员未离开被试设备即开始试验，造成触电事故 | 壳不得破损，且必须可靠接地；<br>（3）加压前必须认真检查试验接线、表计倍率、量程符合试验要求；<br>（4）加压前应通知所有人员离开被试设备，并取得试验负责人许可后方可加压 |

## 第四节　驾乘车辆、船舶

| 工作内容 | 安全风险 | 预控措施 |
|---|---|---|
| **4.1　驾乘车辆** | 人员不系安全带，造成车辆伤害事故 | 车内所有座椅均应配置安全带，驾驶人员与乘车人员必须系好安全带 |
| | 无证驾驶、超速行驶，造成车辆伤害事故 | （1）车辆必须由取得本单位准驾证的人员驾驶；<br>（2）在规定的限速下行车，严禁超速行驶 |

续表

| 工作内容 | 安全风险 | 预控措施 |
| --- | --- | --- |
| **4.1 驾乘车辆** | 酒后驾驶，造成车辆伤害事故 | （1）严禁酒后、有较大的情绪波动或身体不适时驾车；<br>（2）同乘人员应阻止酒驾行为并拒乘 |
| | 疲劳驾驶，造成车辆伤害事故 | 驾驶人员必须有充足的睡眠时间，保持良好的精神和体力 |
| | 驾乘带病车辆，造成车辆伤害事故 | 严格执行例行保养，在出车前、行车中、收车后要对车辆进行检查，严禁车辆带病行驶 |

续表

| 工作内容 | 安全风险 | 预控措施 |
|---|---|---|
| 4.1 驾乘车辆 | 超载或人货混载，造成车辆伤害事故 | 车辆除规定座位外，不得搭乘人员，严禁超载或人货混载 |
| | 接打电话，造成车辆伤害事故 | 严禁驾驶员在行车期间接打电话，如需接打电话，必须将车辆停靠在安全区域 |
| | 大雾、大雨等恶劣天气行车，造成车辆伤害事故； | （1）严控车速，防止滑溜；<br>（2）涉水前无法判断水深时不得强行涉水， |

续表

| 工作内容 | 安全风险 | 预控措施 |
| --- | --- | --- |
| **4.1　驾乘车辆** | | 涉水后应轻踩制动踏板，检查车辆制动效果；<br>（3）保持车距，打开雾灯和示宽灯；<br>（4）雨天行车注意山体滑坡和路基塌陷 |
| **4.2　驾乘船舶** | （1）驾乘带病船舶，造成淹溺事故；<br>（2）超载，造成淹溺事故 | （1）做好船舶日常维修保养；<br>（2）驾乘人员取得下海“四小证”，穿救生 |

续表

| 工作内容 | 安全风险 | 预控措施 |
|---|---|---|
| **4.2 驾乘船舶** | | 衣，配备 GPS 导航定位工具；<br>（3）严禁驾乘人员数量超过船舶核定载人数量；<br>（4）船舶配备救生伐、救生圈；<br>（5）船舶应配备足够数量灭火器 |
| | 恶劣天气驾乘船舶，造成淹溺事故 | （1）船舶驾驶人员出海前必须熟知当日气象 |

续表

| 工作内容 | 安全风险 | 预控措施 |
| --- | --- | --- |
| **4.2　驾乘船舶** | | 和潮汐情况；<br>（2）实时风速 9m/s 及以上、雷雨、大雾、中雨、大雪等恶劣天气，夜间及天黑前 1.5h 严禁驾驶船舶出海；<br>（3）船舶在出海过程中如突遇恶劣天气，应立即停止作业，并根据实际情况返回 |

# 第五节　其他（测风塔、工器具等）

| 工作内容 | 安全风险 | 预控措施 |
| --- | --- | --- |
| **5.1　测风塔相关作业（巡视、维修、提取数据）** | （1）未按规定穿戴个人防护用品，造成高处坠落事故；<br>（2）塔材、爬梯、拉线松动、出现裂纹，造成高处坠落事故；<br>（3）随身携带、抛掷物品，造成物体打击事故；<br>（4）平台人孔盖板未及时关闭，造成高处坠落、物体打击事故； | （1）攀爬测风塔必须正确使用安全带、双钩安全绳、安全帽和安全鞋等个人安全防护用品，严禁失去安全防护；<br>（2）攀爬测风塔前对塔材、爬梯、拉线进行检查； |

续表

| 工作内容 | 安全风险 | 预控措施 |
|---|---|---|
| **5.1　测风塔相关作业（巡视、维修、提取数据）** | （5）在测风塔下逗留，造成物体打击事故 | （3）工器具或零部件等物品必须放入专用工具袋中，严禁随身携带、抛掷物品；<br>（4）通过平台后，应及时关闭平台人孔盖板；<br>（5）严禁人员在测风塔附近逗留 |
| **5.2　电动工器具（角磨机、台钻等）的使用** | （1）未按规定使用个人安全防护用品，造成其他伤害事故；<br>（2）绝缘破损，造成触电事故； | （1）按规定使用护目镜等个人安全防护用品，严禁戴围巾、手套，长发辫应挽牢在安 |

续表

| 工作内容 | 安全风险 | 预控措施 |
| --- | --- | --- |
| **5.2 电动工器具（角磨机、台钻等）的使用** | （3）设备漏电，造成触电事故；<br>（4）地脚、磨片、钻头等安装不牢固，部件夹持不牢，造成物体打击、其他伤害事故；<br>（5）直接接触工器具及被加工部件高温部位，造成灼烫事故；<br>（6）操作不当，切片、钻头断裂，造成物体打击事故；<br>（7）带电装卸切片、钻头等，造成其他伤害事故； | 全帽内；<br>（2）使用前应检查工器具的外壳、电源线无破损，绝缘良好；<br>（3）电气回路必须装设漏电保护器；<br>（4）固定式工器具本体安装牢固、无晃动，磨片、钻头等高速旋转部件安装牢靠，防护罩完整，部件夹持牢固； |

续表

| 工作内容 | 安全风险 | 预控措施 |
|---|---|---|
| **5.2　电动工器具（角磨机、台钻等）的使用** | （8）作业现场遗留抹布等杂物，造成火灾事故；<br>（9）使用未经检验、检验超期或检验不合格电动工器具，造成触电事故 | （5）操作结束后，戴隔热手套移动高温物体；<br>（6）操作时应缓慢平稳，切片、钻头不得横向受力；<br>（7）装卸切片、钻头前必须切断电源；<br>（8）及时清理杂物和油污；<br>（9）定期检验，严禁使用未经检验、检验超期或检验不合格电动工器具 |

续表

| 工作内容 | 安全风险 | 预控措施 |
| --- | --- | --- |
| **5.3　液压扳手的使用** | （1）液压扳手抓握不当，造成其他伤害事故；<br>（2）未按规定使用临时电源，造成触电事故 | （1）握在液压扳手运动反方向部位，防止挤压手指；<br>（2）临时电源接线必须规范，电源线应绝缘良好，并装设漏电保护器 |
| **5.4　手拉葫芦的使用** | （1）悬挂点不可靠，造成物体打击事故；<br>（2）超载使用，造成物体打击事故； | （1）悬挂点应可靠、牢固，严禁在运行状态的设备或存有介质的管道上设置悬挂点； |

续表

| 工作内容 | 安全风险 | 预控措施 |
| --- | --- | --- |
| **5.4　手拉葫芦的使用** | (3) 起吊物绑扎不牢或歪斜拽吊，造成物体打击事故；<br>(4) 在起吊物下方通过或逗留，造成物体打击事故；<br>(5) 使用未经检验、检验超期或检验不合格手拉葫芦，造成物体打击、其他伤害事故 | (2) 使用前，应核实起吊物品实际重量，不准起吊不明物和埋在地下物品，严禁超载使用；<br>(3) 起吊物必须捆绑牢靠，严禁歪斜拽吊；<br>(4) 严禁在起吊物下方通过、逗留；<br>(5) 定期检验，严禁使用未经检验、检验超期或检验不合格手拉葫芦 |

续表

| 工作内容 | 安全风险 | 预控措施 |
| --- | --- | --- |
| **5.5 仪器仪表（万用表、绝缘电阻表、验电器等）的使用** | （1）万用表档位、量程选用错误，造成触电事故；<br>（2）绝缘破损，造成触电事故；<br>（3）验电器额定电压与被检验电气设备的电压等级不匹配，造成触电事故；<br>（4）使用未经检验、检验超期或检验不合格仪器仪表，造成触电事故 | （1）使用万用表前，确认档位、量程选用正确，严禁以电流档、电阻档测量电压；<br>（2）使用前，检查万用表、绝缘电阻表的本体和表笔（含接线），以及验电器本体绝缘无破损；<br>（3）使用验电器前，必须确认额定电压与被检验电气设备的电压等 |

续表

| 工作内容 | 安全风险 | 预控措施 |
| --- | --- | --- |
| **5.5　仪器仪表(万用表、绝缘电阻表、验电器等)的使用** | | 级相匹配；<br>（4）定期检验，严禁使用未经检验、检验超期或检验不合格仪器仪表 |

# 第二章
# 场所相关的安全风险

| 场所 | 安全风险 | 预控措施 |
| --- | --- | --- |
| （一）油品库 | （1）未按要求使用防爆电气设备，造成火灾事故；<br>（2）杂物与油品混堆乱放、遗留抹布及废油等，造成火灾事故；<br>（3）未按规定使用临时电源，造成触电、火灾事故；<br>（4）通风不良，造成中毒和窒息事故；<br>（5）货架重心不稳或本体不牢固，造成物体打击事故；<br>（6）吸烟或明火，造成火灾事故 | （1）采用防爆型断路器、灯具等电气设备；<br>（2）严禁存放杂物，油品分类存放，摆放整齐，地面无油污；<br>（3）临时电源接线必须规范，电源线应绝缘良好，并装设剩余电流动作保护器；<br>（4）装设排风扇；<br>（5）货架应焊接牢固、摆放平稳，重量较 |

续表

| 场所 | 安全风险 | 预控措施 |
| --- | --- | --- |
| **（一）油品库** | | 大的油桶应落地摆放或放在货架最底层；<br>（6）严禁吸烟，动火作业必须办理动火工作票，配置充足、合适的灭火器，具体按《电力设备典型消防规程》（DL 5027—2015）相关规定执行 |
| **（二）备件与工具库** | （1）货架重心不稳或本体不牢固，造成物体打击事故； | （1）库内货架应焊接牢固、摆放平稳，重量 |

续表

| 场所 | 安全风险 | 预控措施 |
| --- | --- | --- |
| **（二）备件与工具库** | （2）杂物与备件、工器具混堆乱放，造成火灾事故；<br>（3）未按规定使用临时电源，造成触电、火灾事故；<br>（4）吸烟或明火，造成火灾事故 | 较大的备件、工器具应落地摆放或放在货架最底层；<br>（2）库内严禁存放杂物，备件或工器具应分类存放，摆放整齐；<br>（3）临时电源接线必须规范，电源线应绝缘良好，并装设漏电保护器；<br>（4）严禁吸烟，动火作业必须办理动火工作票 |

续表

| 场所 | 安全风险 | 预控措施 |
|---|---|---|
| （三）车库 | （1）车库卷帘门掉落，造成物体打击事故；<br>（2）物品混堆乱放、遗留抹布及废油等，造成火灾事故；<br>（3）车库通风不良，造成中毒和窒息事故 | （1）对车库卷帘门进行定期检查和保养；<br>（2）严禁混堆乱放，物品摆放整齐，地面无油污；<br>（3）车库定期通风，车辆不得在车库内长时间怠速 |
| （四）水泵房 | （1）蓄水池口盖板固定（锁定）不牢、破损或缺失，造成高处坠落事故； | （1）对蓄水池盖板加强检查，发现盖板松动、破损或缺失，应及时维修、补充； |

续表

| 场所 | 安全风险 | 预控措施 |
| --- | --- | --- |
| **（四）水泵房** | （2）水泵电机外壳未接地，造成触电事故；<br>（3）设备漏电，造成触电事故 | （2）水泵房内所有水泵电机外壳必须有效接地；<br>（3）水泵房内电气回路必须加装剩余电流动作保护器 |
| **（五）蓄电池室** | （1）通风不良，造成中毒和窒息事故；<br>（2）违规存放杂物，造成火灾事故；<br>（3）未按要求使用防爆电气设备，造成火灾事故； | （1）装设排风扇；<br>（2）严禁存放杂物；<br>（3）采用防爆型断路器、灯具等电气设备；<br>（4）更换存在电解液泄漏的蓄电池时，必须 |

续表

| 场所 | 安全风险 | 预控措施 |
|---|---|---|
| **（五）蓄电池室** | （4）电解液泄漏，造成其他伤害事故 | 正确使用个人防护用品 |
| **（六）厨房** | （1）食品过保质期或保存不当变质，造成中毒事故；<br>（2）食品来源及危害性不明，造成中毒事故；<br>（3）滑倒摔伤，造成其他伤害事故；<br>（4）煤气泄漏，造成中毒和窒息、火灾事故；<br>（5）设备漏电，造成触电事故 | （1）严禁“三无”食品、腐烂食品进入厨房，应设置防蝇、防鼠设施；<br>（2）不使用来历不明食材；<br>（3）应及时清理地面，保持干燥，并做好防滑措施；<br>（4）使用煤气罐的厨 |

续表

| 场所 | 安全风险 | 预控措施 |
|---|---|---|
| （六）厨房 | | 房必须安装气体监测报警器，煤气罐及连接管件应定期检测、更换；<br>（5）电气回路必须加装剩余电流动作保护器 |
| （七）寝室 | （1）卧床吸烟，造成火灾事故；<br>（2）违章用电，造成火灾事故；<br>（3）滑倒摔伤，造成其他伤害事故； | （1）严禁卧床吸烟；<br>（2）严禁私拉乱接电线，人员离开宿舍应确保照明及电气设备处于关闭状态；<br>（3）应及时清理浴室、 |

续表

| 场所 | 安全风险 | 预控措施 |
| --- | --- | --- |
| **（七）寝室** | （4）设备漏电，造成触电事故 | 卫生间、卧室地面，保持干燥；<br>（4）寝室内电气回路必须加装漏电保护器，浴室、卫生间内插座加装防水罩，严禁用湿手触碰开关插座 |
| **（八）电缆沟道** | （1）电缆沟盖板固定不牢、破损或缺失，造成其他伤害事故；<br>（2）贸然进入，造成中毒和窒息事故； | （1）对电缆沟盖板加强检查，发现盖板松动、破损或缺失，应及时维修、补充，不能及 |

续表

| 场所 | 安全风险 | 预控措施 |
| --- | --- | --- |
| **（八）电缆沟道** | （3）电缆沟内积水未清理，导致电缆绝缘击穿或造成火灾、触电事故；<br>（4）电缆绝缘破损，造成触电、火灾事故 | 时加装盖板的，应装设警示围栏；<br>（2）进入电缆沟前应进行通风，并携带气体检测报警仪；<br>（3）及时清理电缆沟内积水，保持电缆沟干燥，防止电缆绝缘降低；<br>（4）使用尖刺、锋利的工具在电缆沟作业时，应对临近电缆采取防割、刺措施 |

续表

| 场所 | 安全风险 | 预控措施 |
|---|---|---|
| （九）中控楼 | 墙皮、挂冰等异物脱落，造成物体打击 | 中控楼、库房、变电站门型框架等建（构）筑物下方不得逗留 |
| （十）道路 | 路面积雪结冰，造成车辆伤害事故 | （1）严格控制车速；<br>（2）采取防滑措施，装配雪地胎或防滑链条，严禁使用无花纹轮胎；<br>（3）避免急转方向或紧急制动；<br>（4）及时清理场内道路积雪 |

续表

| 场所 | 安全风险 | 预控措施 |
| --- | --- | --- |
| （十）道路 | 陡坡、急转弯，造成车辆伤害事故 | （1）设置提示牌，提醒控制车速；<br>（2）视线不好的急转弯路段设置道路凸面镜；<br>（3）有高处坠落风险的陡坡、急转弯处，应安装防撞墩、防撞栏等防撞设施 |
| | 路面塌陷，造成车辆伤害事故 | （1）行驶时充分瞭望；<br>（2）夯实道路路面 |

续表

| 场所 | 安全风险 | 预控措施 |
|---|---|---|
| （十）道路 | 滚石、落物，造成物体打击事故 | （1）设置明显的安全提示牌；<br>（2）进入滚石、落物危险道路前减速行驶，观察路况；<br>（3）滚石、落物危险路段做好防护措施，构筑挡土墙等加固设施 |
| | 道路无标志、提示牌，造成车辆伤害事故 | （1）风电场道路主干道、岔道设道路标志牌； |

续表

| 场所 | 安全风险 | 预控措施 |
|---|---|---|
| （十）道路 | | （2）风电场入口，重要地段设限速标志牌；<br>（3）道路两侧界限不清路段设置警示桩；<br>（4）场内山涧路段设“注意落石”提示牌；<br>（5）场内盘山路段设“傍山险路”提示牌 |

# 第三章

# 环境相关的安全风险

| 环境 | | 安全风险 | 预控措施 |
| --- | --- | --- | --- |
| (一)夜间 | 升压站 | (1)夜间能见度低，造成触电、其他伤害事故；<br>(2)电缆沟盖板固定不牢、破损或缺失，造成其他伤害事故；<br>(3)误入带电间隔，造成触电事故 | (1)站内照明充足，必要时携带照度合格的照明灯具；<br>(2)应加强检查，发现盖板松动、破损或缺失，应及时维修、补充；<br>(3)夜间巡视时，严禁同时进行其他作业，严格按照巡视路线巡视 |
| | 风电机组 | 照明不满足作业要求时，强行作业，造成高处坠落、触电事故 | 照明不满足作业要求时，不得开展任何与风电机组相关的巡视、检修、维护、测试等工作 |

续表

| 环境 | | 安全风险 | 预控措施 |
|---|---|---|---|
| **(一)夜间** | 车辆、船舶 | (1)车距不足，照明灯功能异常，造成车辆伤害事故；<br>(2)驾乘船舶出海，造成淹溺事故 | (1)严禁车辆带病行驶；<br>(2)夜间及天黑前1.5h严禁驾乘船舶出海 |
| **(二)雷雨天气** | 升压站 | (1)巡视时打伞、未穿戴个人防护用品，造成触电事故；<br>(2)拉、合断路器、隔离开关，装拆高压熔断器，造成触电事故 | (1)雷雨时在升压站内巡视时不得打伞，雨天巡视电气设备应穿绝缘靴，不得靠近避雷器或避雷针；<br>(2)雷雨时严禁拉、合断路器、隔离开关，装拆高压熔断器 |

续表

| 环境 | | 安全风险 | 预控措施 |
|---|---|---|---|
| （二）雷雨天气 | 风电机组 | （1）巡视、攀爬风电机组，造成高处坠落、触电事故；<br>（2）雷雨天气作业，造成触电事故；<br>（3）雷雨天气吊装作业，造成触电事故 | （1）雷雨天气，严禁攀爬风电机组，发生雷雨天气后 1h 内禁止靠近风机；<br>（2）雷雨天气不得进行风电机组检修作业，在机组内来不及离开机组，可双脚并拢站在塔架平台上，不得碰触任何部位；<br>（3）雷雨天气，严禁户外或露天起重作业 |

续表

| 环境 | | 安全风险 | 预控措施 |
|---|---|---|---|
| （二）雷雨天气 | 线路与箱式变压器 | （1）巡视时打伞、未穿戴个人防护用品，造成触电事故；<br>（2）进行检修、维护、试验，造成触电事故 | （1）打雷期间禁止巡视线路与箱式变压器，发生雷雨天气后1h内禁止靠近箱式变压器；<br>（2）雷雨天气不得开展线路与箱式变压器相关的检修、维护、试验等，作业过程中遇雷雨天气须及时终止作业 |

续表

| 环境 | | 安全风险 | 预控措施 |
|---|---|---|---|
| **（二）雷雨天气** | 驾乘车辆、船舶 | （1）雷雨天气行车，造成车辆伤害事故；<br>（2）雷雨天气驾乘船舶，造成淹溺事故 | （1）严控车速，防止滑溜；<br>（2）涉水前无法判断水深时不得强行涉水，涉水后应轻踩制动踏板，检查车辆制动效果；<br>（3）雨天行车注意山体滑坡和路基塌陷；<br>（4）雷雨天气严禁驾驶船舶出海 |

续表

| 环境 | | 安全风险 | 预控措施 |
|---|---|---|---|
| （三）大风天气 | 升压站 | （1）高空落物，造成物体打击事故；<br>（2）线缆断裂接地，造成触电事故 | （1）杂物应集中封闭存放，及时固定防雨帽、标示牌等易脱落部件；<br>（2）加强巡视，及时紧固或更换线缆 |
| | 风电机组 | （1）超规定风速作业，造成高处坠落事故；<br>（2）与带电设备安全距离不足，造成触电事故 | （1）风速超过 12m/s 时，禁止打开机舱盖（含天窗），超过 14m/s 时，应关闭机舱盖，风速超过 12m/s 时禁止进入轮毂； |

续表

| 环境 | | 安全风险 | 预控措施 |
| --- | --- | --- | --- |
| **（三）大风天气** | 风电机组 | | （2）当风速超过10m/s时，禁止采用风电机组机舱升降吊机从塔架外部起吊物品；<br>（3）起吊时，应与带电设备保持足够的安全距离，具体按《电力安全工作规程　发电厂和变电站电气部分》（GB 26859—2011）相关规定执行 |

续表

| 环境 | | 安全风险 | 预控措施 |
|---|---|---|---|
| （三）大风天气 | 线路与箱式变压器 | 导线断裂，跨步电压伤人，造成触电事故 | 巡视时沿线路外侧行走，大风时在线路的上风向巡视，发现线缆断裂并掉落至地面，室外不得靠近故障点 8m 以内 |
| | 船舶 | 超规定风速驾乘船舶，造成淹溺事故 | 实时风速 9m/s 及以上严禁驾驶船舶出海 |
| （四）大雾天气 | 升压站 | （1）突发性设备污闪（雾闪），造成触电事故；<br>（2）空气绝缘水平降低，造成触电事故； | （1）应穿绝缘靴巡视，并与带电设备保持足够安全距离，具体按《电力安全工作规程　发电 |

续表

| 环境 | | 安全风险 | 预控措施 |
| --- | --- | --- | --- |
| （四）大雾天气 | 升压站 | （3）误入带电间隔，造成触电事故 | 厂和变电站电气部分》（GB 26859—2011）相关规定执行；<br>（2）在室外布置措施或设备巡视时严禁扬手；<br>（3）严禁同时进行其他作业，严格按照巡视路线开展巡视工作 |
| | 车辆、船舶 | （1）大雾天气行车，造成车辆伤害事故； | （1）保持车距，打开雾灯和示宽灯； |

续表

| 环境 | | 安全风险 | 预控措施 |
|---|---|---|---|
| （四）大雾天气 | 车辆、船舶 | （2）大雾天气驾乘船舶，造成淹溺事故 | （2）大雾天气严禁驾驶船舶出海 |
| | 风电机组 | 大雾天气吊装作业，造成物体打击、触电事故 | 大雾天气，严禁户外或露天起重作业 |
| （五）冰雪天气 | 升压站 | （1）上下室外楼梯踏空、摔倒，巡视道路湿滑易摔倒，造成其他伤害事故；<br>（2）架构、母线上的覆冰坠落，造成物体打击事故 | （1）应穿防滑鞋、慢行，及时清理冰雪；<br>（2）严禁在架构、母线下方逗留 |

续表

| 环境 | | 安全风险 | 预控措施 |
| --- | --- | --- | --- |
| （五）冰雪天气 | 风电机组 | 叶片或机舱覆冰时，在叶片风轮平面附近或机舱底部逗留，造成物体打击事故 | 叶片或机舱覆冰时，应将风电机组停运，车辆必须停放在上风向并远离风电机组至少 20m，严禁人员在叶片风轮平面附近或机舱底部逗留 |
| | 车辆、船舶 | （1）车辆在积雪结冰路面行驶，造成车辆伤害事故；<br>（2）大雪天气驾乘船舶，造成淹溺事故 | （1）严格控制车速；<br>（2）采取防滑措施，装配雪地胎或防滑链条，严禁使用无花纹轮胎； |

续表

| 环境 | | 安全风险 | 预控措施 |
| --- | --- | --- | --- |
| **（五）冰雪天气** | 车辆、船舶 | | （3）避免车辆急转方向或紧急制动；<br>（4）及时清理场内道路积雪；<br>（5）大雪天气严禁驾驶船舶出海 |

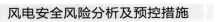